（法）纳奥米·黛丝克莱布 著

曹雅歌 译

# 蒙台梭利科学启蒙书

# 人类的故事

四川科学技术出版社

图书在版编目（CIP）数据

人类的故事 / (法) 纳奥米·黛丝克莱布著；曹雅歌译. -- 成都：四川科学技术出版社，2020.1
（蒙台梭利科学启蒙书）
ISBN 978-7-5364-9600-2

Ⅰ. ①人… Ⅱ. ①纳… ②曹… Ⅲ. ①人类进化－历史－少儿读物 Ⅳ. ①Q981.1-49

中国版本图书馆CIP数据核字（2019）第284153号

著作权合同登记图进字21-2019-572号
© La Librairie des Ecoles, 2018
7, Place des Cinq Martyrs du Lycée Buffon
75015 PARIS, France
The simplified Chinese translation rights arranged through Rightol Media （本书中文简体版权经由锐拓旗下小锐取得Emailcopyright@rightol.com）Chinese simplified character translation rights © 2019 Beijing Bamboo Stone Culture Communication Co.ltd

# 人类的故事
RENLEI DE GUSHI

| | |
|---|---|
| 著　者 | (法) 纳奥米·黛丝克莱布 |
| 出品人 | 钱丹凝 |
| 策划编辑 | 村上　高润 |
| 责任编辑 | 王双叶　牛小红 |
| 装帧设计 | 胡椒书衣 |
| 责任出版 | 欧晓春 |
| 出版发行 | 四川科学技术出版社 |

成都市槐树街2号　邮政编码：610031
官方微博：http://e.weibo.com/sckjcbs
官方微信公众号：sckjcbs
传真：028-87734039

| | |
|---|---|
| 成品尺寸 | 170mm×220mm |
| 印　张 | 4　字数　80千 |
| 印　刷 | 唐山富达印务有限公司 |
| 版　次 | 2020年4月第1版 |
| 印　次 | 2020年4月第1次印刷 |
| 定　价 | 150.00元 |

ISBN 978-7-5364-9600-2
邮购：四川省成都市槐树街2号　邮政编码：610031
电话：028-87734035

引言

　　玛丽亚·蒙台梭利认为，六岁以前的孩子的最大需求在于通过实践的、感官的、具体的活动来认知真实世界。这其中的关键，在于引导孩子将他们心中那个极为丰富的想象世界与他们需要一点点掌握规律的现实世界区分开来。

　　另外，从六岁开始，孩子具备了利用想象力将自身投射在较远的时间与空间中的能力：无论是群星，最初的人类，史前动物，还是宇宙的诞生……

　　也是在这个年龄段，孩子们开始提出那些最本质的疑问：世界是从哪里来的？人类是从哪里来的？为什么人类会在地球上？我为什么会在地球上？为这些存在找到答案，成为他们关注的核心。

　　鉴于此，我们决定通过一套五本原创连续读物将孩子们引入知识的世界，它们包括了对宇宙、对生命、对人类起源和文化起源的介绍，架构清晰且引人入胜。

　　通过这五本科学读物，您的孩子不仅能得到这些问题的答案，还将建立他在历史和自身角色认知方面的信心，并为他日后的知识学习和心理发展打下良好的基础。

　　玛丽亚·蒙台梭利教育方法的优势和独特性，在于将世界的起源以故事的形式娓娓道来，这些故事既有趣，又充满启发性和建设性。我们因此请您像讲故事一样大声读出这些故事，并且要告知孩子"这些故事都是真的"。为了让孩子更喜欢这些故事，您完全可以像读其他故事那样加重语气，用一种特别迷人或神秘的叙述腔调，尽可能丰富讲述的表演感（例如调暗灯光），带领孩子惊叹着进入这神奇的知识世界，让这些内容在他们心目中留下深刻印象。因此在您为孩子高声讲出这些故事以前，最好自己先读一遍，以熟悉其中的内容。

这套书并不能算作孩子科学学习的第一步，而更应该被视为他们对科学兴趣的初次唤醒。书中所涉及的互动游戏将不会影响您给孩子讲故事的进程，并且可以在孩子听完故事后一起实践。总之，这套书会在您孩子的书架上陪伴他很久，值得一读再读。

在这第三本科学启蒙书中，您的孩子将会了解人类是如何出现的：从最初的双足灵长类到最初的智人，这期间经历了漫长的时间，无数人类为了生存延续付出了巨大的努力。仅仅依靠双手和智慧，人类逐渐开始制造和使用工具，他们开始制作衣服、寻找和建造住所、发现并掌握火的使用、驯化了野兽和野生植物……

书中所涉及的信息就科学性而言都是正确的，从认知语境的角度出发，我们刻意避免了对细节的过分深入，以防孩子天然的好奇心被过剩的信息耗尽。

在阅读这本书的过程中，孩子们将会想更加深入地了解本书的主题，他们将学会尊重人类的过往、祖先、历史成就和天地间的伟大法则。一个了解了环绕在他周边世界的人，将不再会对世界怀有恐惧。

玛丽亚·蒙台梭利这位曾三次获得诺贝尔和平奖提名的女士一直深信，那些在孩童时期具有创造力、能够自由思考的人，长大成人后将会成为地球上善意的一员，令世界变得和平而美好。

贯穿本书，您将会发现这个符号 ，这是一些能够帮助您加深故事效果的互动内容，它将使书中的信息更为准确也更加易懂，有助于孩子们理解。

如果您希望与您的孩子完成互动内容，您需要提前进行准备，并将相关道具事先藏起来（例如藏在毯子下面），到互动环节再拿出来。

注意：大部分互动内容都很容易实现，但您依然需要全程在场以防任何可能的意外发生。

**纳奥米·黛丝克莱布**

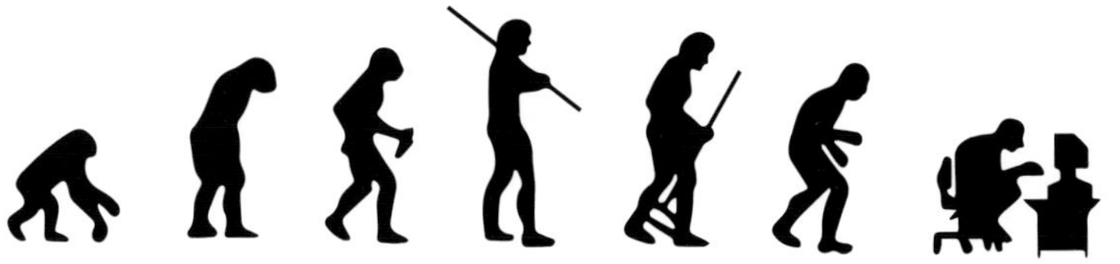

在第二本
蒙台梭利科学启蒙
书中，讲述了在以千年为单位的漫
长时间中，植物和动物是如何不断进化，
直至占领整个海洋和陆地的。这个过程
经历了数十亿年！

今天，我要给你讲的是，人类是如何出现的。

恐龙灭绝以后，哺乳动物在地球上逐渐兴盛起来。其中出现了一个新的物种——**灵长类动物**。同猴子一样，这也是我们人类所属的动物类目。

在距今**几百万年前的非洲**，若干灵长类动物开始仅用后腿行走，**直立**起来。这令他们可以越过高高的杂草看到更远处的猛兽，以便更早逃离或躲避！

这些双足灵长类动物用双腿支撑身体和直立行走。直立行走令他们的**双手**得到解放，他们就这样一点一点地开始用双手制造工具。

在距今约180万年前出现了"能人"。
我们找到了经打磨变尖利的石头的化石，它们被
能人用来斩骨或切割动物的肉。

他们还并不是同我们一样的人类：他们
的身材更矮小，身上的毛发也更茂密。他们生
活的时代约在"旧石器
时代"。

能人的生活是非常艰难的！想象一下他们生活的环境恶劣、充满敌意和危险的大自然：严寒或酷暑，危机四伏的夜晚，各种疾病和危险的动物……

为了获得食物，能人必须捕猎或采摘植物。但许多植物是有毒的，他们有可能因误食而中毒死亡。每当遇到那些十分危险的动物，例如体型巨大的河马象、剑齿虎或剑齿虎时，他们就有生命危险！

他们不建造住所，不贮存食物，无法治疗疾病。他们没有武器，也不为自己制作衣服。无论天气如何，他们只能步行迁移。为了能够在这恶劣的自然环境中生存，他们必须跟着动物的群落不断迁徙。

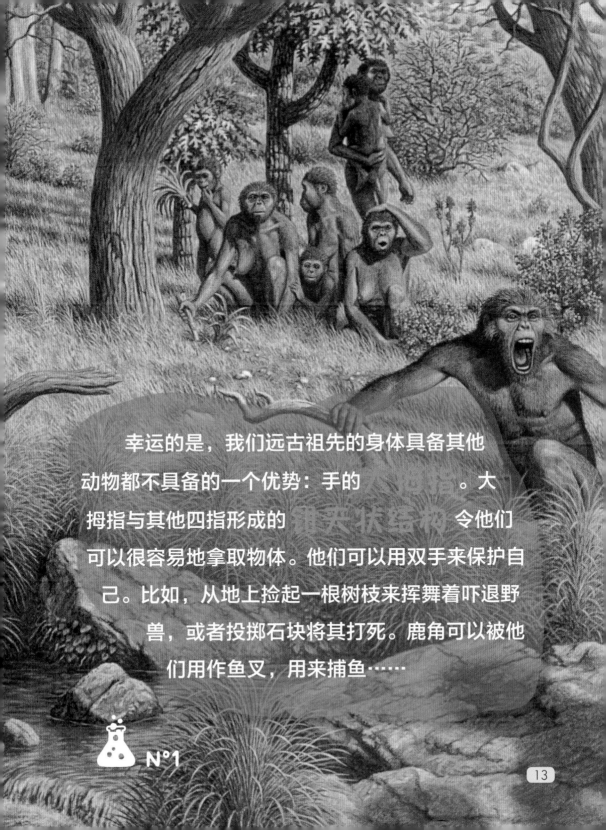

幸运的是，我们远古祖先的身体具备其他动物都不具备的一个优势：手的大拇指。大拇指与其他四指形成的钳夹状结构令他们可以很容易地拿取物体。他们可以用双手来保护自己。比如，从地上捡起一根树枝来挥舞着吓退野兽，或者投掷石块将其打死。鹿角可以被他们用作鱼叉，用来捕鱼……

N°1

　　能人的双手运用得越来越多，他们的 大脑 也越来越发达。能人变得越来越聪明，越来越擅长找到解决生存问题的方法。

他们总是群体活动，这样能够在遇到危险时更加强大，也使相互帮助、合作成为可能。每个个体还可以有专门的任务分工，并且逐渐成为他所负责领域的专家。

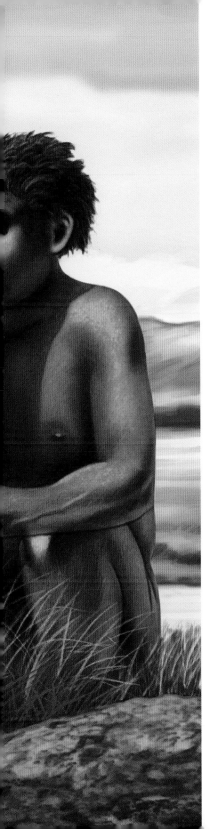

　　渐渐地，这些最初的人类变得越来越灵巧。把一块锋利的石头固定在木头的一端上，诸如此类的创造，令他们的工具和武器都更好用。这些更为灵巧的人被称作"**直立人**"，他们最早的生活痕迹距今约**300万年**。

　　直立人又发现了一个新方法：将石块彼此敲击使其碎裂，所得的部分会更为锋利。我们把利用这种方式加工的石头称为"**打制石器**"。

 N°2

把这样制作的锋利石块或动物的骨头固定在一根长长的树枝末端，直立人就发明了历史上最早的长矛，这些长矛在狩猎中威力巨大。

N°3

他们用自己制造的 石刀 来剥下动物的皮，切割动物的肉，并由此开始制作衣服。智慧和灵巧的双手令他们能够善用所捕到的动物的每一个部分：肉当作食物，骨头用来制作武器或工具，皮毛则被做成衣服！

他们又慢慢地发现，一些植物可以治疗甚至治愈他们的病痛。他们因此开始学习辨认那些可以作为食物的、没有毒性的植物，也开始学习如何将另一些植物作为药物使用。

直立人在大自然中栖息。气候暖和并且周围没有肉食动物的时候，这样做没有问题。然而，当天气变冷，下雨或者周围有饥饿的野兽徘徊时，问题就严重了！那时候的人类还不懂得使用  来取暖或驱逐野兽！

很可能是由于这些原因，他们才开始
在岩洞中藏身，并且在兽皮下蜷成一团，
彼此依偎以取暖。

后来，直立人的创造能力变得越来越强，并且能够为自己建造越来越舒服的住所。他们中的一些人开始用野兽皮搭建帐篷，另一些人则用黏土和泥浆制造出砖，并将它们按一定方式堆叠起来，建造出真正的墙。

　　后来，人类有了一个转变种族命运的重大成就：**驯服火**！在那以前，人们也是认识火的。雷电击中树木使其燃烧，火山喷发所导致的森林大

火，都让人类对火有所观察、有所了解。

他们中的个别人大着胆子接近燃烧的火苗，然后渐渐如同驯服野兽一样驯服了火。

但这距离人类真正掌握生火的技术还有漫长的时间。能够在没有雷电、没有自然火灾或火山喷发的情况下自行制造出火来，才标志着人类不仅能够使用火，更能真正驯服火。

用两块**燧石**相互敲击，或者摩擦两块木头能够得到一些火星，而这火星如果落在准备好的干草堆或干树叶上，就会产生小火苗，变成**真正的火**。

N°4

学会使用火之后，人类可以更方便地**取暖**，在夜间**照明**，并且驱退野兽。火也使人类能够**烧熟食物**，这样不仅大大降低了许多疾病的发生率，也使食物更容易消化。

事实上，生肉需要很长的时间来消化，而消化熟肉所需的时间要短得多。这就令人类有了更多的闲暇时间同家人在一起。

……的最早痕迹出现在距今约20万年前。智人是真正的现代人类。现在的……都是"智人"。起初，智人与另一相邻物种并存——尼安德特……。然而，后者没能经受住若干次气候变化的考验，最终没有幸存下来。

 N°5

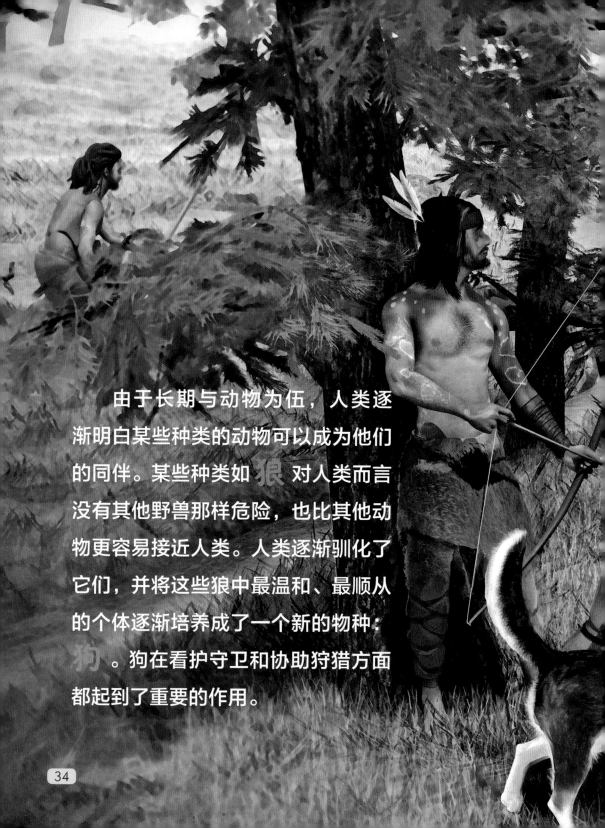

由于长期与动物为伍，人类逐渐明白某些种类的动物可以成为他们的同伴。某些种类如 狼 对人类而言没有其他野兽那样危险，也比其他动物更容易接近人类。人类逐渐驯化了它们，并将这些狼中最温和、最顺从的个体逐渐培养成了一个新的物种：狗 。狗在看护守卫和协助狩猎方面都起到了重要的作用。

另外一些动物，例如     或    山羊，人们逐渐将它们成群地圈养起来，用以为人类提供奶和食物。

最后，智人学会了          ，他们从此可以以很快的速度去很远的地方，并且不用过分消耗自己的体力！

N°6

智人还学会了用干草茎来编织 **篮子**，并用
它们来贮存坚果、水果及谷物。这比他们之前任何
东西都用手盛取要方便多啦！

通过对火和新工具的使用，人类又开发出了新的食物。在 杵 和 臼 的帮助下，人们得以将某些坚硬的谷物研磨成很细的粉末，这些粉末在与水混合之后变成团子，一经烤熟会非常美味——这就是面包的祖先。

N°7

你意识到这个进程的奇妙了吗？人类这种最初比绝大多数动物都要脆弱的生物竟然完成了从前任何物种都没有做到的发展。

　　智人逐渐有了越来越多的闲暇时间，他们开始描绘他们所身处的如此美妙、如此神秘，又常常令人如此不安的大自然。

　　他们在岩洞的岩壁上**绘制**那些与他们生存息息相关的动物——猛犸象、野牛、马、鹿、山羊……

他们也画他们自己，画男人们和女人们，并且饶有兴味地留下他们的 **手印**。最开始他们用石头在岩洞的岩壁上刻画图案，之后用黏土，再后来用 **浆果的汁水** 作为颜料。

N°8

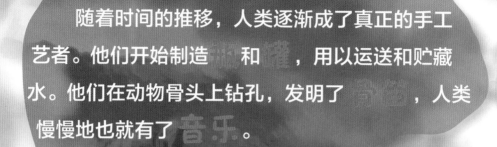

随着时间的推移，人类逐渐成了真正的手工艺者。他们开始制造和罐，用以运送和贮藏水。他们在动物骨头上钻孔，发明了骨笛，人类慢慢地也就有了音乐。

人类将粗树干内部烧空之后，利用剩下的部分做成了相对轻便的**独木舟**，这让人类能够很方便地在河上航行。

　　人们还发现，某些金属——银、金、铜——在被加热到很高温度的时候会熔化。他们将熔化成液态的金属倒入事先准备好的**模具**中，就可以将金属制作成他们所希望的形状；而在冷却之后，金属又会恢复原有的硬度。人类由此开始制造金属饰品、武器以及工具，它们相比之前的石器更为坚固而实用。

　　人们同时产生了将几种金属熔化、混合的想法，并由此制造出了**铜**与**锡**的混合金属——**青铜**。青铜比铜本身更加坚实。

　　这就是"**青铜时代**"的开始。

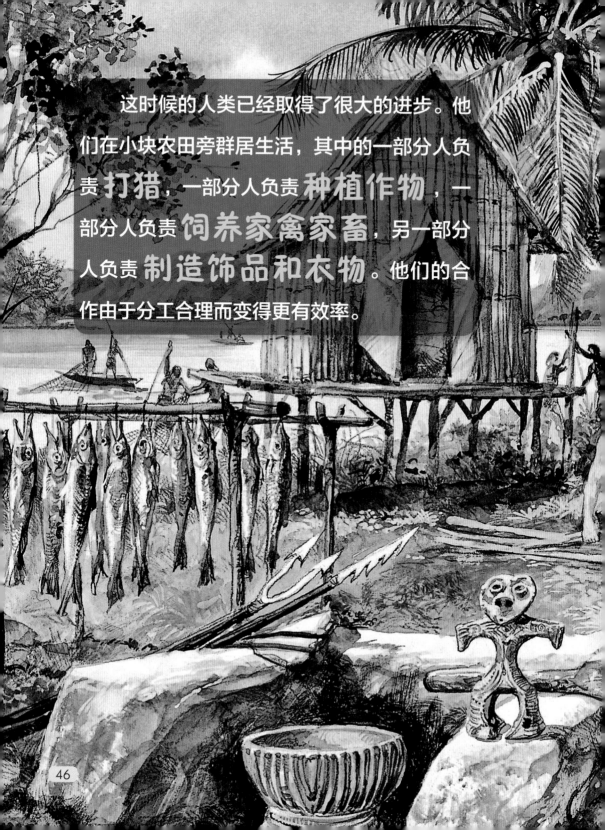

这时候的人类已经取得了很大的进步。他们在小块农田旁群居生活，其中的一部分人负责打猎，一部分人负责种植作物，一部分人负责饲养家禽家畜，另一部分人负责制造饰品和衣物。他们的合作由于分工合理而变得更有效率。

他们以 **物物 贸易** 的形式交换彼此的劳动成果：养鸡的人用鸡来交换制造长矛的人的长矛，而后者则用长矛交换制衣者的衣服……

这个时候，**货币** 还没有出现。

生活在同一个群体中的人类拥有同样的生活习惯，崇拜同样的神祇，穿戴方式也相似。但部落与部落之间的生活方式大相径庭，这与他们所处的自然环境、气候冷暖有关。衣着、食物、作物，这些都会因环境不同而迥异！这就是组成不同人类世界的这么多文明诞生的原因。

这个时期人类的数量越来越多，各自生活在不同的社会群体中。当这些群体交汇的时候，他们之间或许会发生**战争**，也有可能会进行**商品交换**。

　　地球上的人类越多，他们之间的相互交换就越频繁。对他们而言，**留下痕迹** 与 **保存记忆** 就越来越重要。人类同时也需要计算他们的财富以进行贸易，或者传给后人。

　　你将在之后的两本科学启蒙书中了解到与这些有关的内容，它们分别是"**文字**"和"**数字**"。

**互动游戏 1** （见第12~13页）

 **目的**

让孩子明白大拇指能形成手的钳状结构，以及它的强大作用。

**材料准备**

- 准备一些需要拿取的小物
- 一幅手部肌肉示意图

**互动游戏步骤**

❶ 让您的孩子在用手拿取物品的时候观察自己的手。

❷ 让您的孩子将大拇指蜷在手掌内侧，再用其他手指拿取同样的物品。

❸ 观察肌肉和手骨的不同表现，明白手部不同肌肉的作用。

（见第16~17页）

**互动游戏 2**

 **目的**

在前一个游戏的铺垫下，让孩子明白那些最简单的东西是如何被最初的人类所使用的。

**材料准备**

- 石子、骨头、树枝等

 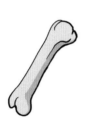 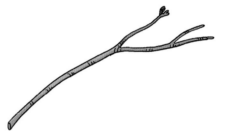

**互动游戏步骤**

① 让您的孩子用简单而不粗暴的方式拿取准备的物品。

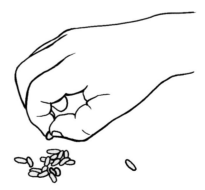

② 提醒您的孩子注意这个过程中大拇指所起的作用。

**目的**

令孩子明白石器的制造过程和它们在人类历史中的重要性。

**材料准备**

- 一块未加工的燧石
- 一块砂岩（直径7厘米或4厘米）
- 一根木头（长度较长）
- 木棒
- 绳子

### 互动游戏步骤

**1** 让您的孩子将燧石放在地上，用砂岩垂直向下砸向燧石，一点一点地由边缘砸至中心。

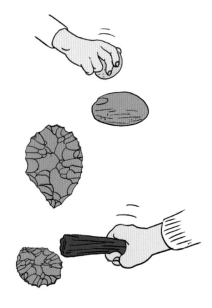

**2** 注意使被加工变薄的石刃均匀地分布在燧石中心周围。

**3** 用木头继续锤砸以修饰燧石的形状。

**4** 将制作好的燧石用绳子固定在木棒一端。

**5** 与孩子一起讨论这件工具可能的用途，尤其可以从其前端为片状燧石的角度出发进行猜想。

（见第28～29页）

 **目的**

按照史前人类的方法生一次火，让孩子明白在自然中制造火是多么不容易的事。

**材料准备**

- 燧石
- 黄铁矿石
- 火绒或引火物
- 干草

## 互动游戏步骤

**提示：** 这个游戏需要在室外干燥的地方进行，同时需要避风和避免潮湿。

游戏并不容易成功，因此我们建议您事先独自练习几次，再与您的孩子共同实践。

❶ 让您的孩子用燧石摩擦黄铁矿石，摩擦出火星。

❷ 将火绒或其他引火物放在敲击处下方接取火星。

❸ 一旦火绒被引燃，马上加入干草并吹气，生出火苗。

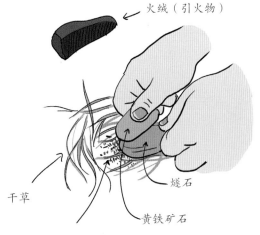

火绒（引火物）

干草

燧石

黄铁矿石

火绒和带火星的石屑

## 互动游戏 5

（见第32~33页）

### 目的

认识主要的几种原始人，并了解他们各自的进化状态。

### 材料准备

- 笔
- 纸
- 剪刀
- 从互联网下载内容为能人、直立人和智人的三幅图片

## 制作过程

- 带注释的图片：

（1）从互联网下载并打印内容为能人、直立人和智人的三幅图片。

（2）在每幅图片下注明原始人的种类。

- 不带注释的图片：重复步骤1。
- 标签：剪出三个标签，并在其上写出与三幅图中原始人相应的名字。

## 互动游戏步骤

① 让您的孩子将三张带注释的原始人图片在自己面前排开。

② 与孩子一起描述每张图片所涉及的原始人。

能人

直立人

智人

❸ 收起带注释的图片，这次将不带注释的图片在孩子面前摊开，让孩子将它们与带注释的图片配对。配对成功后，让孩子将带注释的图片翻转过来。

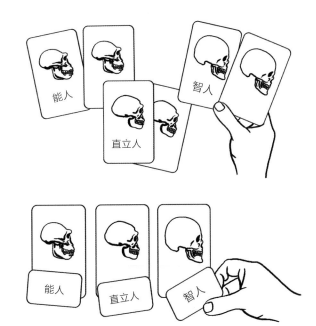

❹ 打乱不带注释的图片顺序，让孩子将标签与相应不带注释的图片配对。

❺ 让您的孩子单独玩几次，他们可根据带注释的图片来自行检测自己的配对是否正确。

**提示：** 您可以将这种游戏类型用于您的孩子对其他相关知识的学习中，如不同种原始人的外形，他们各自制造使用的工具，他们的住所等。

（见第34～35页）

目的

认识不同的史前动物。

材料准备

- 选择您认为合适的史前动物小模型
- 一组带注释的图片，一组不带注释的图片，以及相应的标签（参考互动游戏5中的制作方式）

**互动游戏步骤**

与互动游戏5的方式相同。

（见第38～39页）

 目的

明白杵和臼的使用方式。

 材料准备

- 杵
- 小麦粒（也可以是其他任何需要研磨的谷物）
- 臼
- 小盆 / 钵

**互动游戏步骤**

1️⃣ 为您的孩子演示如何研磨小麦粒以得到面粉，捣碎研磨时注意不要用力过猛，也不要发出太大声音。

2️⃣ 让您的孩子亲自动手试试研磨，即使他并不能一下掌握要领。

3️⃣ 若有需要，多示范几次，并且让孩子看到你们共同磨出来的面粉。

4️⃣ 重复若干次研磨，并将磨出的面粉统一盛放在一个小盆 / 钵里。

**目的**

想象一下没有绘画工具、纸和颜料的史前绘画是怎么完成的。

 **材料准备**

- 不同颜色的色粉
- 其他颜料：碳粉、白垩粉（粉笔粉）、赭色土、灰烬、水果等
- 黑色或灰色的卡纸
- 黏合剂：水、口水、蛋（蛋清或蛋黄）、油，蜡等
- 岩画样本

## 互动游戏步骤

❶ 让您的孩子根据所看到的图片，用手指画出若干史前动物的形象（猛犸象、野牛……），建议他先用干色粉来画。

❷ 让他尝试用黏合剂混合各种颜料创造不同的颜色，全部用手完成。

小心污渍！